# BEI GRIN MACHT SICH IHR WISSEN BEZAHLT

- Wir veröffentlichen Ihre Hausarbeit,
  Bachelor- und Masterarbeit

- Ihr eigenes eBook und Buch -
  weltweit in allen wichtigen Shops

- Verdienen Sie an jedem Verkauf

Jetzt bei www.GRIN.com hochladen
und kostenlos publizieren

**Bibliografische Information der Deutschen Nationalbibliothek:**

Die Deutsche Bibliothek verzeichnet diese Publikation in der Deutschen National-
bibliografie; detaillierte bibliografische Daten sind im Internet über http://dnb.d-
nb.de/ abrufbar.



**Impressum:**

Copyright © 2007 GRIN Verlag, Open Publishing GmbH
Druck und Bindung: Books on Demand GmbH, Norderstedt Germany
ISBN: 9783640473748

**Dieses Buch bei GRIN:**

http://www.grin.com/de/e-book/140238/endogene-und-exogene-geologische-pro-
zesse

Marcel Demuth

# Endogene und Exogene geologische Prozesse

GRIN Verlag

# Endogene und exogene geologische Prozesse

Demuth, Marcel

2.Semester

Seminar Physische Geographie / Geoökologie

Sommersemester 2007

26.06.07

# Inhaltsverzeichnis         Seite

# Abbildungsverzeichnis Seite

# 1 Einleitung

Der Bau der Erde wird durch geologische Prozesse beeinflusst. Dabei kann man unterscheiden, durch welche Kräfte diese Prozesse ausgelöst und gesteuert werden. Handelt es sich um Kräfte aus dem Erdinneren, so spricht man von endogenen geologischen Prozessen. Vor allem die Plattentektonik, angetrieben durch Konvektionsströme[1], spielt hier eine entscheidende Rolle. Jene Prozesse, welche durch Kräfte außerhalb der Erde angetrieben werden, bezeichnet man als exogene geologische Prozesse. Die Energie, welche diese Kräfte antreibt, generiert sich zum Einen durch den radioaktiven Zerfall im Erdkern (endogene Prozesse) und zum Anderen durch thermonukleare Reaktionen in der Sonne (exogene Prozesse). Die grundlegendsten dieser geologischen Prozesse spielen eine wesentliche Rolle bei der Entstehung der Gesteine. Diese ist in besonders anschaulicher Weise zum „Kreislauf der Gesteine" (siehe Abbildung 1) zusammengefasst (PRESS / SIEVER 2005, S. 69 f).

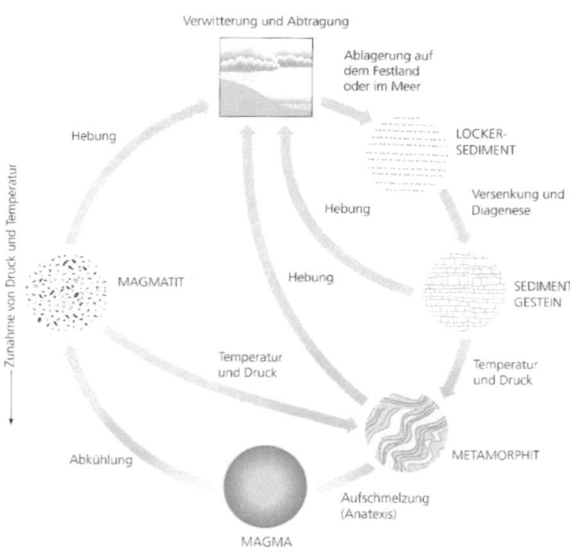



Abb. 1: Gesteinskreislauf (Quelle: Press / Siever (2003), S. 69, Abb. 3.6)

---

1 „Bewegungen im zähplastischen Bereich des Magmas unterhalb der Erdkruste, die letztlich zu Erdkrustenbewegungen und zur Großformenbildungen führen" (LESER 2005, S. 450).

# 2 Magama

Die Wahl des Magmas als Startpunkt im Kreislauf der Gesteine hat keinerlei Bedeutung und soll nur den Einstieg in dieses Thema ermöglichen. Da Magma das am tiefsten vorkommende „Element" dieses Kreislaufes ist, scheint dieser Punkt jedoch der sinnvollste für den Einstieg in diese Thematik. Magma ist ein „natürlich vorkommendes, geschmolzenes Gesteinsmaterial, aus dem durch Abkühlung magmatisches Gestein entsteht" (PRESS / SIEVER 2003, S. 692). Es hat eine Mindesttemperatur von 700°C und ist, wie in der Definition erwähnt, flüssig. Die flüssige Gesteinsschmelze hat eine geringere Dichte als ihr festes Pendant, wodurch das Magma aufsteigt. Einerseits durch den Auftrieb, welcher durch die Druckunterschiede hervor gerufen wird, aber auch durch das Einwirken des hydrostatischen Druckes (BAHLBURG / BREITKREUTZ 2004, S. 268).

## 2.1 Abkühlungsprozesse

Durch den Aufstieg in kalte Gesteinsschichten gibt das Magma Wärmeenergie an das umliegende Gestein ab. Der Aufstieg und somit auch die Abkühlung geschehen in zweierlei Weise. Einerseits kann der Aufstieg langsam erfolgen, wodurch das Magma sehr langsam abkühlt. Ab einer bestimmten Temperatur, welche als

Abb. 2: Granit (Quelle: Press / Siever (2003), S. 64, Abb. 3.2)

Kristallisationstemperatur bezeichnet wird, beginnen sich in der Schmelze kleine Kristalle zu bilden. Diese Kristalle benötigen eine bestimmte Zeit um zu wachsen, welche nur bei einer langsamen Abkühlung gegeben ist. Das Magma kann sehr langsam aufsteigen, wodurch es bereits in der Erdkruste erstarrt. Die dort entstehenden Gesteine werden als Intrusivgestein oder Plutonite bezeichnet. Dieses Gestein ist sehr grobkristallin und grobkörnig. Ein Intrusivgestein ist beispielsweise der Granit (siehe Abbildung 2). Andererseits kann Magma sehr schnell abkühlen. Dies geschieht durch den schnellen Transport des Magmas durch die Erdkruste an die Erdoberfläche. Wenn das Magma an der Oberfläche durch vulkanische Tätigkeiten austritt, wird es als Lava bezeichnet. Wie schnell diese Lava abkühlt, hängt von den vorhandenen

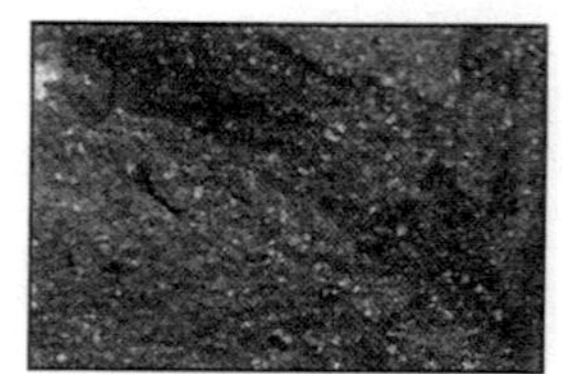

Abb. 3: Basalt (Quelle: Press / Siever (2003), S. 64, Abb. 3.2)

Medien ab. Kommt es zur Abkühlung der Lava durch den Kontakt mit Wasser, so findet eine regelrechte Abschreckung statt und es können sich keinerlei Kristalle bilden. Das Erscheinungsbild des dabei entstehenden Gesteins ist dem des Glases ähnlich. Erfolgt die Abkühlung durch die Luft, so haben die Kristalle eine gewisse Zeit zum auskristallisieren und es entstehen feinkristalline Gesteine, wie beispielsweise Basalt (siehe Abbildung 3). Man bezeichnet diese Gesteine als Effusivgestein oder Vulkanite. Diese beiden Gesteinsarten werden in der Gruppen der Magmatite zusammengefasst (ZEIL 1990, S. 201 f).

# 3 Magmatite

Nach der Bildung der Magmatite kommt es entweder zu Hebungs- oder zu Senkungsprozessen der Festgesteine. Die Erde hat einen schalenförmigen Aufbau, dessen äußere Schale die Erdkruste ist (siehe Abbildung 4). Diese Schale ist nicht durchgehend, sondern in starre Platten zerbrochen (siehe Abbildung 5). Diese Platten sind ständig in Bewegung, angetrieben durch die Konvektionsströme im Erdmantel. Dadurch sind die Grenzen dieser Platten geologisch höchst aktive Gebiete und der größte Teil der Hebungs- und Senkungsprozesse finden dort statt (PRESS /SIEVER 2003, S. 20).

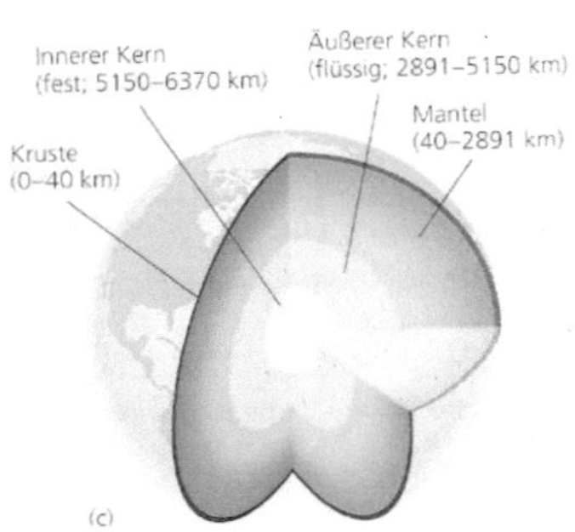


Abb. 4: Schalenbau der Erde (Quelle: Press / Siever (2003), S. 13, Abb. 1.6c)

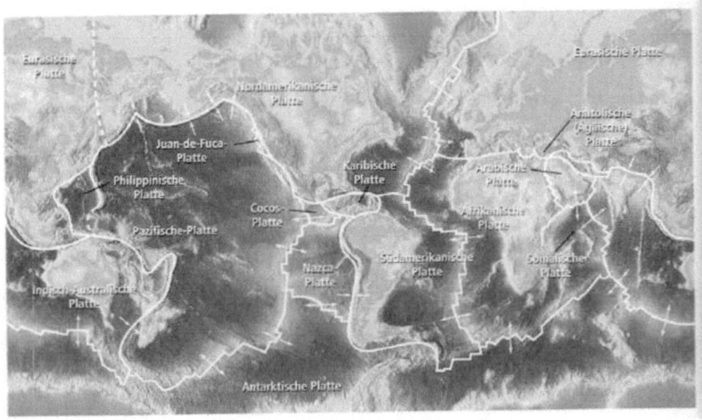


Abb. 5: Platten und Plattengrenzen (Quelle: Press / Siever (2003), S. 20, Abb. 1.12)

Es lassen sich drei Hauptbewegungstypen und daraus resultierend drei unterschiedliche Plattengrenzen charakterisieren: Bewegen sich die Platten aufeinander zu, liegt eine konvergierende Plattengrenze vor. Entfernen sich die Platten voneinander, handelt es sich um eine divergierende Plattengrenze. Wenn sich die Platten aneinander vorbei bewegen, wird dies als eine Transformstörung bezeichnet. Hebungsprozesse am Rande von Platten finden konzentriert an den konvergierenden Plattengrenzen statt (RICHTER 1992, S. 263 f).

## 3.1 Hebungs- und Senkungsprozesse

Die im vorherigen Kapite charakterisierten Arten der Bewegung bzw. Kollision von Platten führt zu verschiedenen Hebungs- und Senkungsprozessen, wobei der entscheidende Faktor die Krustenart ist. Die Erdkruste wird in ozeanische Kruste

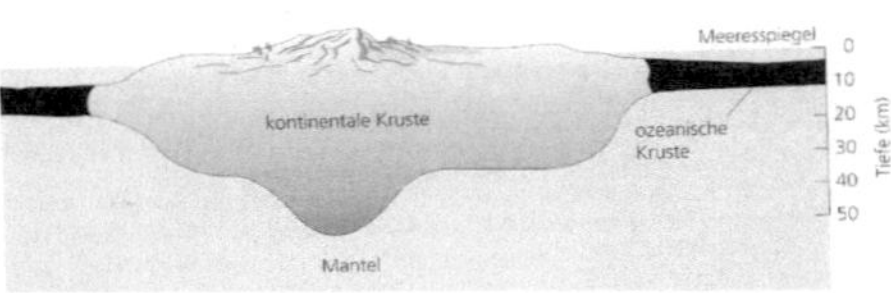


Abb. 6: Krustentypen (Quelle: Press / Siever (2003), S. 513, Abb. 19.6)

und kontinentale Kruste unterteilt. Diese unterscheiden sich in ihrer Dicke und ihrer Dichte. Obwohl die ozeanische Kruste nur 5-10 Kilometer dick ist, hat sie eine höhere Dichte als die kontinentale Kruste. Diese kann eine Dicke von 30-50 Kilometer (siehe Abbildung 6), unter Hochgebirgen sogar bis zu 75 Kilometer, erreichen. Die Ursachen dieses Dichteunterschiedes liegen in der Gesteinszusammensetzung und dem Alter der Krusten. Somit kann es zu Kollisionen von zwei ozeanischen Platten, von zwei kontinentalen Platten oder einer ozeanischen mit einer kontinentalen Platte kommen. Bei der erstgenannte Kollisionsart kommt es zur Subduktion, „jener Vorgang, bei dem eine Platte […] unter eine andere taucht,..." (LESER 2005, S. 918). Durch Druck- und Temperaturanstiege bei der Subduktion kommt es zu einer partiellen Aufschmelzung des Krustenmaterials und somit zu vulkanischen Tätigkeiten. Diese haben die Entstehung von vulkanischen Inselbögen an der Erdoberfläche zur Folge (siehe Abbildung 7). Die Hebung wird durch den seitlichen Druck der Platte verstärkt. Treffen eine ozeanische und eine kontinentale Platte aufeinander, kommt es ebenfalls zur Subduktion (siehe Abbildung 8), wodurch wiederum seitlicher Druck entsteht und es in Folge dessen zu vulkanischen Tätigkeiten kommt. Da die ozeanische Kruste eine größer Dichte als die kontinentale Platte hat, taucht diese ab. Somit entstehen Vulkangürtel auf der kontinentalen Platte. Kommt es zu einer Kollision zweier kontinentaler Platten, können diese wegen ihrer geringen Dichte nicht abtauchen. Dies führt zu mehrfachen

Überschiebungen und daraus entstehenden Bruch- und Faltungsprozessen (siehe Abbildung 9). Dies kann eine Krustenverdopplung zur Folge haben. Bei der Kollision zwei dieser Platten entstehen daher die mächtigsten Gebirge der Erde und wird als Orogeneseprozess bezeichnet (PRESS / SIEVER 2003, S.536 f).

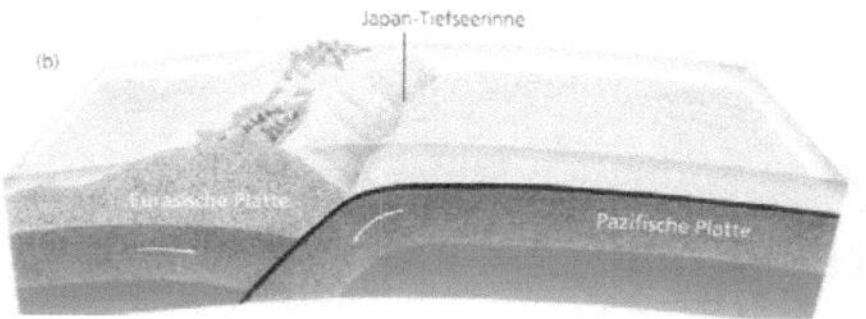

Abb. 7: Kollision von zwei ozeanischen Platten (Quelle: PRESS / SIEVER (2003), S. 540, Abb. 20.6b)

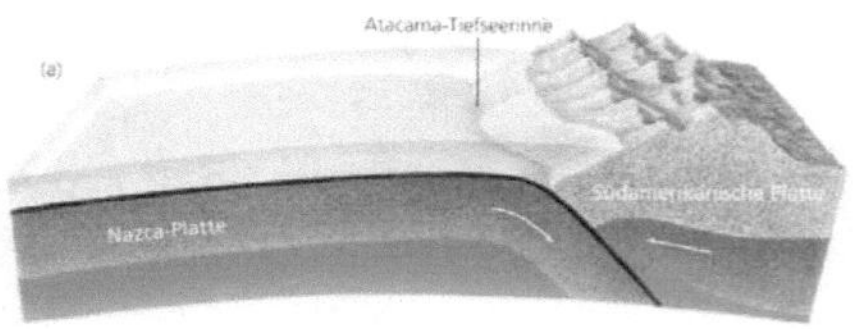

Abb. 8: Kollision einer ozeanischen mit einer kontinentalen Platte (Quelle: Press / Siever (2003), S. 540, Abb. 20.6a)

Abb. 9: Kollision von zwei kontinentalen Platten (Quelle: Press / Siever (2003), S. 540, Abb. 20.6c)

Des Weiteren wirken Kräfte auf die Bereiche hinter den Plattengrenzen. Diese Kräfte entstehen an den Plattenrändern durch tecktonische Prozesse und breiten sich bis zu einem bestimmten Bereich in der Platte aus. Je größer die Entfernung zu den Plattengrenzen ist, desto geringer werden die Einflüsse dieser Kräfte auf die Kruste. Je nach dem wie die Kräfte einwirken, kommt es zu Hebungs- oder Senkungsprozesse. Des Weiteren kann es auch zu Scherungsprozessen kommen, die aber bei diesem Thema eine weniger wichtige Rolle spielen und daher unbeachtet bleiben. Somit kommt es durch Dehnungsprozesse (Extension) zu einer Senkung oder durch Einengungsprozesse (Kompression) zu einer Hebung der Kruste. Eine gewichtige Rolle stellt das Verhalten des Gesteins dar. Es kann einerseits bei Krafteinwirkung plastisch (duktil) reagieren oder anderseits bruchhaft (spröde). Wenn das Material spröde ist, kommt es bei einer Krafteinwirkung zu einem Bruch des Gesteins. Eine Hebung dieses Bruchmaterials kommt, wie bereits erwähnt, bei einer Einengung zustande. Dies bezeichnet man als Aufschiebung. Handelt es sich jedoch um einen Dehnungsprozess, so senkt sich die

Kruste. Dies bezeichnet man als Abschiebung. Wenn das Gestein jedoch duktil ist, kommt es bei einer Einengung zur Faltung und somit zu einer Hebung der Kruste. Wird die Kruste

jedoch gedehnt, kommt es zu einer Krustenverdünnung und somit zu einer Senkung der Kruste. (siehe Abbildung 10). Darüber hinaus gibt es noch vertikale Hebungs- und Senkungsprozesse, die ohne nennenswerte Faltung oder Brüche auskommen. Diese bezeichnet man als Epirogenese. Dieser Prozess findet sich später bei den Sedimenten wieder und wird dort näher erläutert (PRESS / SIEVER 2003, S. 256 f, S. 581 f).

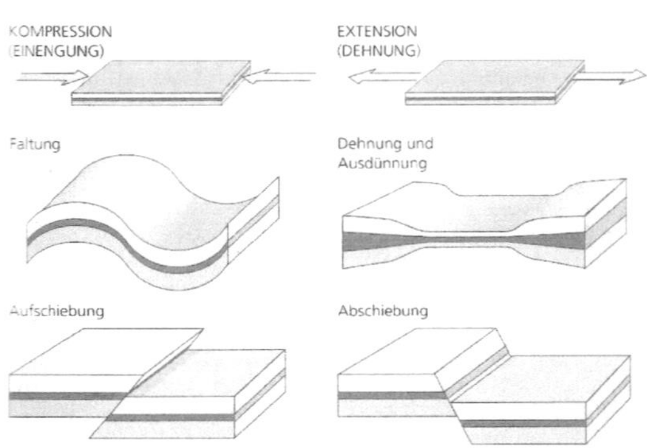


Abb. 10: Hebungs- und Senkungsprozesse (Quelle: Press / Siever (2003), S. 257, Abb. 10.6)

# 4 Verwitterung – Erosion – Abtragung

Das Festgestein wird durch die verschiedenen Hebungsprozesse der Verwitterung ausgesetzt. Je mehr Gestein gehoben wird, desto höher ist die Verwitterungsrate. Das Ergebnis der Verwitterung sind die Sedimente, „[…] jene an der Erdoberfläche durch physikalische Kräfte (Wind, Wasser und Eis), durch chemische Ausfällung aus dem Meer, aus Seen und Flüssen oder durch biologische

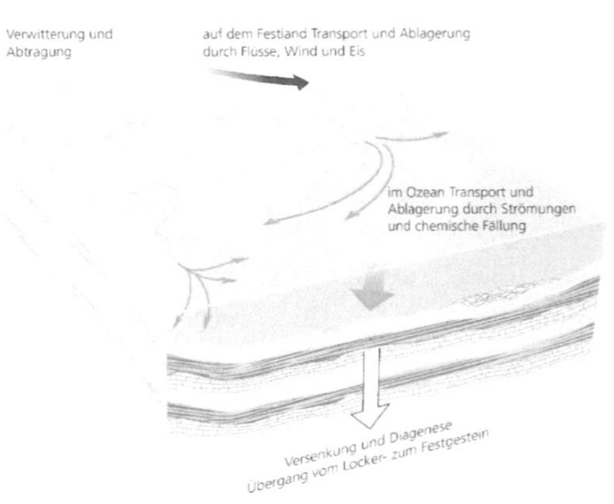


Abb.11: Verwitterung-Abtragung-Ablagerung (Quelle: Press / Siever (2003), S. 65 Abb. 3.3)

Vorgänge lebender oder abgestorbener Organismen abgelagerte oder abgeschiedene Gesteinsmasse" (PRESS / SIEVER 2003, S. 700). Sobald die Transportenergie der Medien nicht mehr ausreicht, wird das Lockergestein abgelagert (siehe Abbildung 11) (ebd. 2003, S. 136 f).

# 5 Lockersediment – Sedimentgestein

## 5.1 Ablagerungsprozesse

Die Ablagerung des Lockergesteins findet in verschiedenen Ablagerungsräumen statt. Diese können terrestrische Ablagerungsräume (Flüsse, Seen, Wüsten, Gletscher), Flachwasser-und Küstenbereiche (Wattgebiete, Strände, Flussdeltas) oder Ablagerungsräume im offenen Ozean (Tiefsee, Kontinentalschelf und –hang, biogene Riffs) sein (siehe Abbildung 12). Des Weiteren kann man eine Differenzierung anhand der Sedimenttypen treffen. Klastische Sedimente findet man in fast alle dieser Ablagerungsräume. Es sind Produkte der physikalischen Verwitterung. Die biogenen Sedimente findet man überwiegend in den Wattgebieten, den biogenen Riffs und in flachen Carbonatbecken. Diese entstehen aus Korallen oder anderen Organismen. Wenn diese absterben, sinken sie zum Ozeanboden und lagern

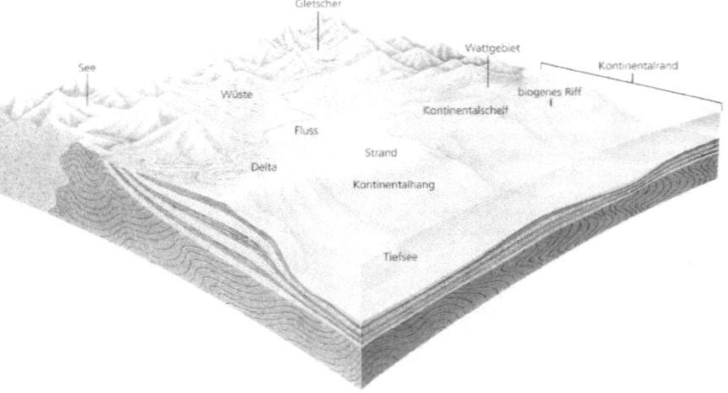


Abb.12: Sedimentationsräume (Quelle: Press / Siever (2003), S. 176, Abb. 7.6)

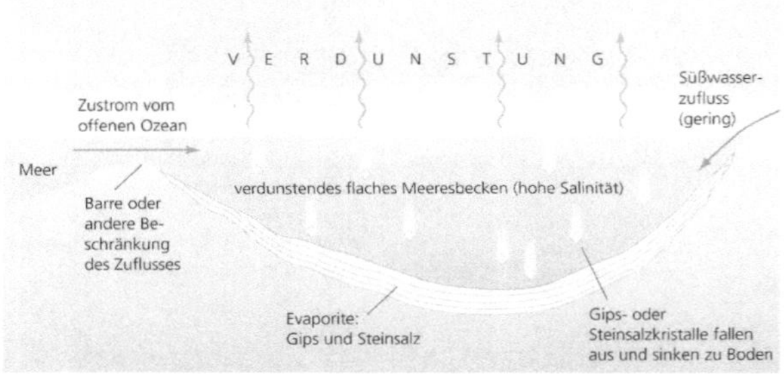


Abb. 13: Evaporitbildung (Quelle: Press / Siever (2003), S. 197, Abb. 7.22)

sich dort ab. Die letzte Art der Sedimente sind die chemischen Sedimente. Diese entstehen aus im Meerwasser gelösten Stoffen (Salze) und werden als Evaporite bezeichnet. Als Grundlage für diesen Prozess müssen bestimmte Voraussetzungen gegeben sein (Abbildung 13). Zum Einen das Vorhandensein einer Meeresbucht, die nur eine geringe Verbindung zum offenen Ozean hat. Zum Anderen muss sich diese Bucht in einem ariden Klimagebiet befinden, da die Verdunstung eine wichtige Rolle bei diesem Prozess spielt. Durch eine hohe Verdunstung des Meerwassers kommt es zu einem starken Anstieg der Salinität. Wenn die Sättigungskonzentration erreicht ist, fallen Salze aus. Diese sinken zum Meeresboden und bilden dort Sedimentschichten. Der überwiegende Teil aller Sedimente kommt im Ozean zur Ablagerung (PRESS / SIEVER 2003, S. 175 f).

## 5.2 Versenkung und Diagenese

Wenn die Sedimentationsprozesse über einen geologisch längeren Zeitraum andauern, lagern sich die Sedimentschichten zu mächtiger Sedimentstapel an. Durch das Eigengewicht dieser Stapel kommt es zum Absenken der Kruste. Dieser Prozess wird als Epirogenese oder Subsidenz bezeichnet. Durch das Absinken kommt es zur Bildung eines Sedimentbeckens. Dadurch wird der Randbereich dieses Beckens gehoben (siehe Abbildung 14). Hält dieser Versenkungsprozess an, kommt es zum Prozess der Diagenese. Dies ist die „[…] Umbildung lockerer Sedimente zu festen Gestein durch mehr oder weniger langzeitige Wirkung von Druck [und] Temperatur, […]“ (MURAWSKI / MEYER 2004, S. 36). Dabei finden zwei wesentliche Prozesse statt. Zum Ersten ist das der Prozess der Kompaktion. Dies ist ein „mechanischer Vorgang […], wobei infolge zunehmender Überdeckung Volumen und Porosität eines Sedimentes abnehmen“ (PRESS / SIEVER 2003, S. 690). Zu Zweiten kommt es zum Vorgang der Zementation. Dies ist der „Prozess der Sedimentverfestigung […], bei dem im Porenraum des

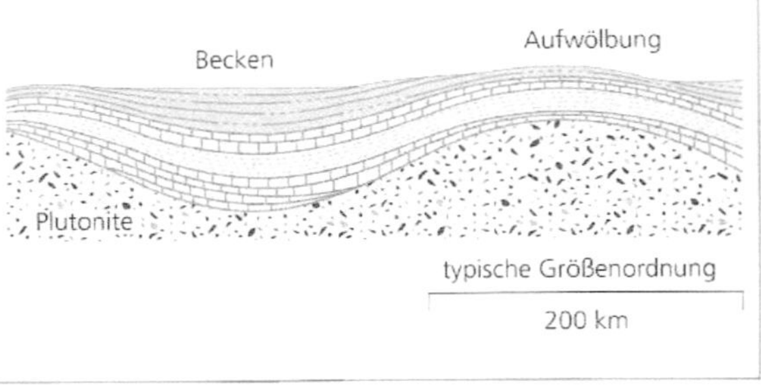


Abb. 14: Sedimentbecken (Quelle: Press / Siever (2003), S. 582, Abb. 21.14)

Sedimentes Minerale ausgefällt werden, die die Körner miteinander verkittet" (ebd. 2003, S. 706). Somit wird aus Lockergestein ein Festgestein gebildet, wie beispielsweise ein Sandstein (siehe Abbildung 15).

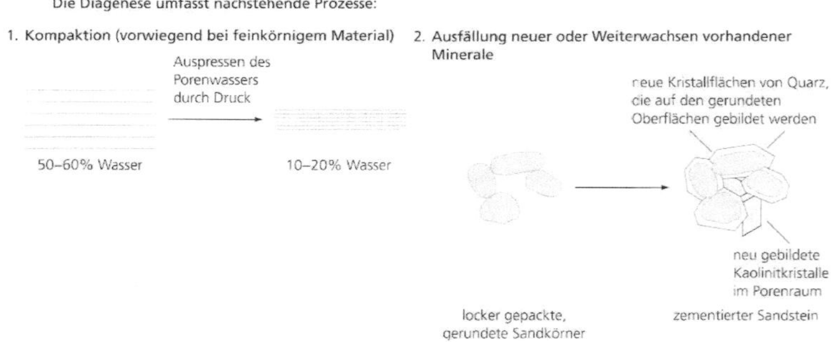


Abb. 15: Diageneseprozesse (Quelle: Press / Siever (2003), S. 184, Abb. 7.13)

# 6 Metamorphose

Steigen Druck und Temperatur weiter an, geht der Diageneseprozess in die Metamorphose über. Bei der Metamorphose werden Gesteine durch Einwirken von Druck und Temperatur in ihrem Gefüge, ihrem Mineralbestand und/oder ihrer chemischen Zusammensetzung verändert. Entscheidend dabei ist der Fakt, dass dieser Umwandlungsprozess im festen Zustand vollzogen wird. Das bedeutet, dass sich ein Metamorphit aus einem anderen Festgestein bildet. Dabei kann man folgende Differenzierung treffen. Zum Einen kann das Ausgangsgestein ein Magmatit sein. Daher spricht man bei dem neugebildeten metamorphen Gestein von einem Orthometamorphi

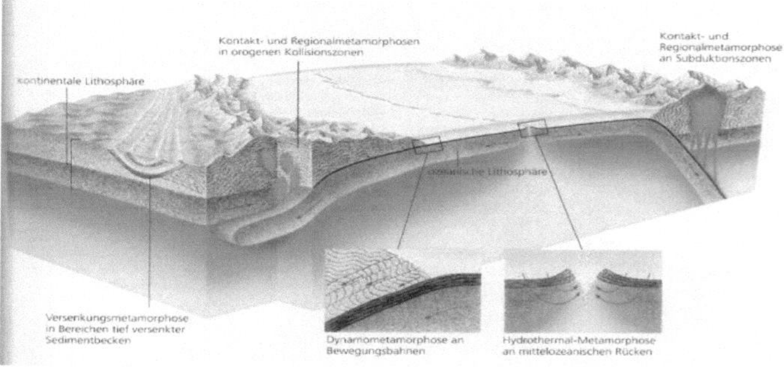


Abb. 16: Metamorphosearten (Quelle: Press / Siever (2003), S. 207, Abb. 83)

t. Zum Anderen kann als Ausgangsgestein ein Sedimentgestein vorliegen. In diesem Fall wird vom einen Parametamorphit gesprochen. Die Metamorphose kann man in drei wesentliche Gruppen einteilen (siehe Abbildung 16). Die Versenkungsmetamorphose ist sozusagen die Weiterführung der Diagenese. Sie findet in einer Beckenstruktur statt. Bei dieser Art der Metamorphose ist der hohe Druck für die Umwandlung entscheidend. Die Temperatur ist vergleichsweise gering und dadurch nicht die bestimmende Größe. Die Regionalmetamorphose findet an Kollisionszonen von Platten statt, da für diese Art der Metamorphose hoher Druck und hohe Temperaturen vonnöten sind. Eine weitere Metamorphoseart ist die Kontaktmetamorphose. Diese beschränkt sich nur auf einen sehr kleinen Bereich um eine Magmaintrusion. Die höhere Temperatur des Magmas hat zur Folge, dass das um die Intrusion befindliche Nebengestein umgewandelt wird. Gestein ist einen schlechter Wärmeleiter und daher beschränkt sich dieser Metamorphose nur auf einer sehr engen Raum. Der Druck spielt bei dieser Metamorphose keine entscheidende Rolle (PRESS / SIEVER 2003, S. 205-208).

# 7 Magma- und Krustenbildung

Die Magmaneubildung findet vor allem an den Plattengrenzen statt, aber auch vereinzelt auf den Platten (siehe Abbildung 17 und Abbildung 18). Durch die Subduktion einer Platte unter eine Andere entstehen hoher Druck und hohe Temperaturen, wodurch es an den Subduktionszonen ab einer Tiefe von 15 Kilometer zur partiellen Aufschmelzung, auch als Anatexis bezeichnet, kommt. Dies ist ein „Vorgang, bei dem eine Gesteinsmasse durch Erwärmung partiell zu schmelzen beginnt, das heißt, es bilden sich in festen Gesteinen Schmelzphasen neben nicht aufgeschmolzenen Anteilen. […]" (PRESS / SIEVER 2003, S. 694).

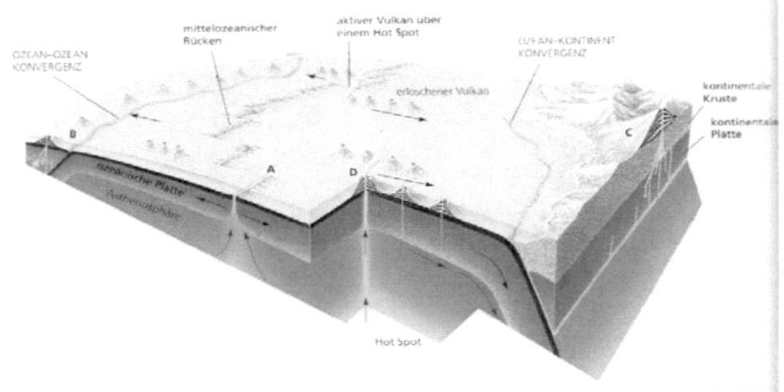

Abb. 17: Magma- und Krustenbildung 1 (Quelle: Press / Siever (2003), S. 124, Abb. 5.30)

Dieses Magma steigt, wie in Kapitel 1

erläutert, auf und kühlt ab. Es entstehen Effusiv- oder Intrusivgesteine. Eine Ausnahme bilden die Manteldiapire. Ein Manteldiapir ist eine „hypothetische vertikale eng begrenzte Zone von einigen hundert Kilometer Durchmessern, in der heißes Mantelmaterial von der Grenze Kern/Mantel nach oben steigt, wobei man der Auffassung ist, dass solche Manteldiapire für Hot Spots und Intraplattenvulkanismus verantwortlich sind" (PRESS / SIEVER 2003, S. 693). Dies ist eine örtliche Erscheinung. Anhand der Abbildung 17 und Abbildung 18 ist deutlich ersichtlich, wie sich die Platte über ein Manteldiapir bewegt, da sich im Laufe der Plattenbewegung eine vulkanische Inselkette gebildet hat.

Der größte Teil des Magmas wird allerdings unterhalb der divergierenden Platten gebildet, explizit am Mittelozeanischen Rücken (MoR). Der MoR ist der Grenzbereich zweier divergierender Platten. Durch das Auseinanderdriften der Platten kommt es im darunter liegenden Gestein zu einer Druckentlastung. Dadurch, dass die Temperatur gleich bleibt, aber der Druck verringert wird, kommt es zu einer partiellen Aufschmelzung und das Magma steigt nach oben. Unmengen an Lava treten am Meeresboden aus und bilden neue ozeanische Kruste, die sich vom MoR weg in Richtung einer Subduktionszone bewegt. Wird die Kruste subduziert, taucht sie bis in den Erdmantel ab und wird dort aufgeschmolzen. Und somit „erneuert" sich die Erdkruste in einem nie enden wollenden Kreislauf (PRESS / SIEVER 2003, S.238 f).

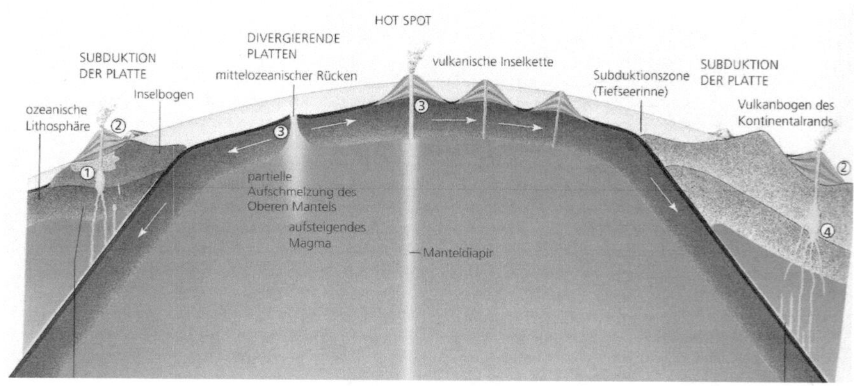


Abb. 18: Magma- und Krustenneubildung 2 (Quelle: Press / Siever (2003), S. 88; Abb. 4.8)

# Literaturverzeichnis

BAHLBURG, H.; BREITKREUTZ, C. (2004): Grundlagen der Geologie. 2. Aufl. München. Spektrum Verlag.

LESER, H. [Hrsg.] (2005): Wörterbuch Allgemeine Geographie. 13. Aufl. München, Braunschweig. Deutscher Taschenbuch Verlag.

MURAWSKI, W.; MEYER, W. (2004): Geologisches Wörterbuch. 11. Aufl. München. Spektrum Verlag.

PRESS, F.; SIEVER, R. (2003): Allgemeine Geologie. 3. Aufl. München. Spektrum Verlag.

RICHTER, D. (1992): Allgemeine Geologie. 4. Aufl. Berlin. de-Gruyter-Lehrbuch.

ZEIL, W. (1990): Abriss der Geologie-Band 1: Allgemeine Geologie. 14. Aufl. Stuttgart. Enke Verlag.

weiterführende Literatur

MARKL, G. (2004): Minerale und Gesteine. 1. Aufl. München. Spektrum Verlag.

STROBACH, K. (1991): Unser Planet Erde – Ursprung und Dynamik. Berlin, Stuttgart. Gebrüder Borntraeger Verlag.